DreamWorks

TURBO

Le roman du film

Traduction : Olivier Gay.

Conception graphique : Anna Guillet.

Hachette Livre, 43, quai de Grenelle, 75015 Paris.

DreamWorks

TURBO

Le roman du film

hachette
JEUNESSE

TURBO

Turbo ne rêve que d'une chose : devenir un champion de course, comme son idole, Guy La Gagne. Mais ce n'est pas avec sa coquille d'escargot de jardin qu'il va battre des records. Pourtant, il est prêt à faire ses preuves et à montrer qu'il n'a peur de rien… ou presque !

CHET

Le frère de Turbo a la coquille sur les épaules. Il aime sa vie au jardin et ne comprend pas les rêves de vitesse de son petit frère… et encore moins sa manie de faire des bêtises !

WILL FLASH

C'est le meneur des escargots de course et il peut terminer n'importe quel parcours. Pour faire partie de la bande, il faut d'abord gagner son respect.

D-RAPP

Lui, c'est le bras droit de Will Flash, toujours prêt à le suivre partout. Les cascades, ça ne l'impressionne pas. Au contraire, plus il fait de tonneaux, plus il s'amuse !

COOLRAOUL

Ce coureur branché invente souvent des acrobaties farfelues pour gagner ses compétitions. Et quel que soit le résultat, une chose est sûre : il a du style !

L'OMBRE BLANCHE

Derrière ses faux airs de peureux, l'Ombre Blanche sait tenir à distance n'importe quel adversaire. Avec un nom aussi impressionnant, c'est normal, non ?

BRAISE

Avec sa coquille flamboyante et son regard de feu, Braise est la seule fille de son équipe. Ce qu'elle aime ? Relever les défis et battre les autres à plates coutures !

TITO

Avec son frère Angelo, Tito tient un stand de tacos. Ce Mexicain est un grand rêveur, très ami avec ses voisins du centre commercial. Mais son camion est au bord de la faillite...

GUY LA GAGNE

Ce pilote de course a gagné cinq fois de suite l'Indianapolis 500. C'est une vraie vedette, mais la célébrité peut parfois monter à la tête...

1

ATTENTION... PRÊTS... TURBO !

Sur le circuit de l'Indianapolis 500, la plus grande course du monde, une voiture rouge double tous ses concurrents.

— Guy La Gagne dépasse le peloton ! s'exclame le commentateur. Je n'ai jamais vu un conducteur aussi doué !

Turbo regarde la course sur son magnétoscope. Il l'a déjà vue des dizaines de fois. Turbo est le plus grand fan de Guy, mais aussi le plus petit. C'est un escargot de jardin orange, à la coquille couverte d'autocollants : un drapeau de course et un numéro 5 presque effacé.

Turbo adore imaginer qu'il participe, lui aussi. Il filerait le long de la piste en laissant un nuage de fumée derrière lui !

— Il est en quatrième position ! dirait le commentateur. Troisième… deuxième ! Et le gagnant est… Turbo !

— Theo ! l'interrompt une voix agacée. Tu pourrais te coucher ? On a du travail, demain !

Chet, son grand frère, se tient sur le rebord de la fenêtre. Il a toujours refusé d'utiliser le surnom que Turbo a choisi et continue à l'appeler par son vrai nom, Theo.

— Me coucher ? répond Turbo. Tu plaisantes ? Je suis tout excité après une telle course !

À la télévision, le journaliste interroge Guy.

— Quand vous étiez débutant, est-ce que vous imaginiez vous retrouver ici un jour ?

— Eh bien, répond Guy avec un sourire, mon père m'a toujours dit qu'aucun rêve n'était trop grand, et aucun rêveur…

— … trop petit ! complète Turbo.

C'est exactement ce qu'il ressent. Il est un escargot, et alors ? Il rêve quand même de gagner l'Indianapolis 500, comme son héros.

Mais Turbo sait qu'il va devoir beaucoup travailler pour ça. Il se rend sur sa piste d'entraînement, une grande règle d'un mètre de long. Il utilise une vieille horloge

pour se chronométrer. Turbo s'élance ! Lorsqu'il atteint l'arrivée, il s'effondre, épuisé.

— Dix-sept minutes ! J'ai battu mon record ! s'exclame-t-il.

— Theo ! râle Chet.

Turbo soupire et se recroqueville dans sa coquille pour dormir. Demain est un autre jour…

Le jour suivant, Turbo suit Chet jusqu'aux plants de tomates du jardin. Turbo slalome dans le potager comme s'il disputait une course :

— Et... Turbo s'élance sur la piste ! Attention... virage à gauche !

L'escargot déteste son travail, contrairement à son frère, qui rejoint déjà un groupe en train d'admirer une tomate.

— Salut, Belle Rouge, dit-il.

Cette tomate est la plus grosse et la plus mûre de tout le jardin, et elle a l'air prête à tomber. Il n'y a plus qu'à attendre... et les escargots sont très doués pour ça.

Sauf Turbo, bien sûr. Il s'ennuie près d'une rampe faite en bâtonnets d'esquimaux. Lorsqu'une

tomate tombera, elle roulera le long de la rampe, et Turbo devra la pousser jusqu'à la station de nettoyage.

— Quand tu veux, marmonne-t-il.

Soudain, une vieille tomate marron tombe le long de la rampe et… *splach !* Elle roule droit sur lui ! Malgré ses efforts pour s'enfuir, les trois tomates suivantes l'éclaboussent aussi.

Heureusement, Turbo réussit à éviter la cinquième, qu'il pousse vers la station de nettoyage.

C'est tellement ennuyeux…, pense-t-il.

Il donne de l'élan à la tomate, puis fait semblant de disputer une course.

— Guy prend la tête au premier tour, mais Turbo ne le lâche pas d'un pouce ! annonce l'escargot. Ils sont au coude à coude !

Derrière, les ouvriers se moquent de lui. Embarrassé, Turbo retourne au travail. De nouveau, une tomate pourrie lui tombe dessus.

Au repas de midi, Turbo se met à l'écart des autres pour manger.

— C'est ta faute s'ils se moquent de toi, tu sais, lui dit Chet en montrant les autocollants sur la coquille de son frère. Regarde-toi. Si seulement tu voulais bien arrêter avec ces histoires de vitesse...

Soudain, le garage s'ouvre. Un garçon sur un tricycle en sort. Avec sa terrible roue, c'est le pire cauchemar des escargots !

— Bon, les gars, vous savez quoi faire ! crie Chet. Tête dans la coquille !

Tous les escargots obéissent... sauf Turbo.

— C'est pas mon genre, de me cacher, réplique-t-il en s'avançant au bout de sa feuille. Hé, gamin ! Joli tricycle !

Chet le tire pour l'écarter du bord. Il regarde le garçon s'éloigner.

— Bien joué, tout le monde ! crie-t-il aux ouvriers. Enfin… presque tout le monde !

Mais à l'intérieur de la maison, la bouilloire siffle la fin du travail ! Soulagé, Turbo retourne vers le garage à toute vitesse… pour un escargot.

2

TOUJOURS PLUS VITE !

Le lendemain, alors que Turbo rêvasse, sa branche commence à trembler. C'est Belle Rouge qui va se détacher ! L'énorme fruit penche de plus en plus. Les escargots crient en chœur :

— Belle Rouge ! Belle Rouge !

La branche se brise et la tomate

tombe ! Elle rebondit et atterrit dans la pelouse. Les ouvriers regardent le fruit avec des yeux envieux.

— C'est parti pour le festin ! s'écrie un escargot.

— Du calme, les gars ! ordonne Chet.

Il montre le jardinier qui sort sa tondeuse. Les ouvriers soupirent et s'écartent lentement. Récupérer Belle Rouge serait trop dangereux...

— Vous abandonnez ? demande Turbo, incrédule.

Le jardinier n'a même pas encore commencé à tondre, et la tomate ne se trouve qu'à quelques centimètres !

Turbo saute dans l'herbe. Chet lui crie de revenir, mais il ne l'écoute pas. Il a repris sa voix de commentateur :

— Les voitures sont sur la ligne de départ !

Turbo s'aventure sur le gazon. Dans son esprit, il file à 100 km/h et laisse la menace loin derrière. Mais en réalité, la tondeuse se rapproche dangereusement...

— Tête dans la coquille ! hurle Chet, affolé.

Turbo sort de son rêve et réalise l'horrible vérité : il n'arrivera jamais près de Belle Rouge à temps !

Plouf ! Un violent jet d'eau le projette à travers la pelouse. Chet et les autres ouvriers ont allumé le tuyau d'arrosage. Au même moment, la tondeuse roule sur Belle Rouge, qui explose en projetant du jus de tomate dans tous les sens.

Chet fonce vers Turbo.

— Tu es fou ? Tu aurais pu te faire tuer !

— Je pensais arriver à temps, répond Turbo, honteux.

Chet secoue la tête, désespéré.

— Quand vas-tu enfin te réveiller ?

Turbo baisse la tête et s'enfuit.

L'escargot quitte le jardin. Il rampe sans s'arrêter. La nuit tombe alors qu'il traverse un pont.

Sur l'autoroute en dessous, les voitures filent dans tous les sens. C'est un moment magique. L'escargot lève les yeux vers les étoiles.

— Tout ce que je souhaite... c'est être rapide, murmure-t-il.

Soudain, un énorme camion traverse le pont à toute vitesse. Le vent projette Turbo par-dessus la rambarde. Il tombe à côté de l'autoroute et rebondit plusieurs fois avant de s'arrêter.

— Ouf, j'ai eu chaud !

Puis il entend les acclamations de la foule. Devant lui, quelqu'un agite un drapeau noir et blanc… Il a atterri sur le toit d'une voiture de course ! Le drapeau s'abaisse.

— Oh, non ! s'écrie Turbo.

Il s'accroche de toutes ses forces pendant que la voiture file le long du circuit. Puis le bonheur remplace la peur. Ça, c'est rapide ! Très rapide ! Il ne s'est jamais senti aussi vivant.

Le conducteur appuie sur l'accélérateur. *Whoosh !* Le violent courant d'air projette Turbo dans le moteur ! En hurlant, l'escargot plonge dans le réservoir d'essence.

Au volant, l'homme veut aller encore plus vite. Il appuie sur un bouton rouge du tableau de bord et libère du gaz dans le moteur. Turbo le respire, et son corps se charge d'énergie bleue…

Puis l'escargot jaillit hors du pot d'échappement. Il vole au-dessus de la piste et s'écrase contre le mur en ciment.

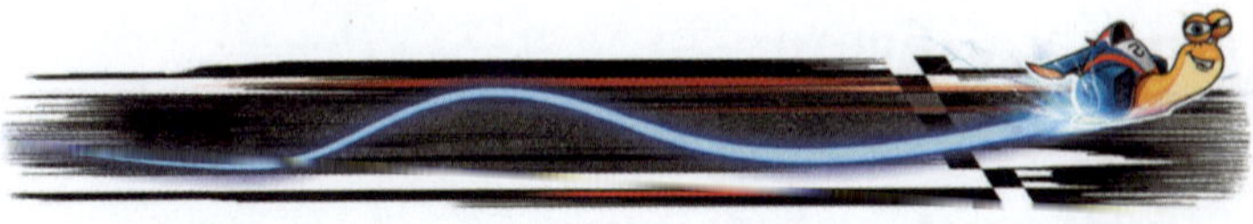

Turbo ne reprend connaissance que quelques heures plus tard. Après toutes ces émotions, il

décide de rentrer chez lui… Arrivé au garage, il regarde son reflet dans un enjoliveur.

— Je vais bien. Ouf ! souffle-t-il en fermant les yeux.

Lorsqu'il les rouvre, il aperçoit la lumière de deux phares. Il regarde de nouveau son reflet. Mais… La lumière provient de ses yeux ! C'est impossible !

Affolé, Turbo s'écarte de l'enjoliveur. Sa coquille s'allume soudain et sonne comme une alarme de voiture.

— Oh, non, stop ! s'exclame-t-il.

Il cogne sa coquille contre le pied d'une table, et l'alarme s'arrête.

Qu'est-ce qui m'arrive ? se demande l'escargot.

3

JE M'APPELLE… TURBO !

Au matin, Turbo se rend au travail quand le petit garçon sort du garage. En apercevant l'escargot dans l'herbe, il fonce vers lui sur son tricycle.

Turbo va-t-il être écrasé ? Non ! Sa coquille brille d'une lumière bleue et… il évite les roues.

L'escargot est stupéfait. C'est lui qui a bougé aussi vite ?

Le garçon repart à l'attaque, et Turbo esquive de nouveau. Mais, emporté par son élan, il se retrouve sur la roue avant du tricycle !

Le garçon sourit méchamment. Il va écraser cet escargot une bonne fois pour toutes…

Turbo accélère de toutes ses forces, et sa supervitesse fait tourner la roue si vite que l'arrière du tricycle se soulève du sol. L'enfant tombe par terre ! Terrifié, il fuit dans la maison en pleurant.

— Youpi ! s'exclame Turbo.

Mais le tricycle abandonné rebondit sur la pente en direction des plants de tomates.

Boum ! Des escargots et des tomates volent dans tous les sens ! Carl, le patron, aperçoit Turbo et le regarde, furieux. L'ouvrier lui adresse un sourire timide…

— Vous êtes virés ! hurle Carl. Toi et ton frère !

Chet n'en croit pas ses oreilles.

— Je suis désolé, murmure Turbo.

— Je t'ai protégé toute ma vie, lui crie son frère. Et voilà ma récompense : je suis viré avec toi !

Là-haut dans le ciel, un corbeau entend les hurlements de Chet. Il pique vers le bas, attrape l'escargot dans son bec et s'envole.

— Au secours ! s'exclame Chet.

De la lumière bleue jaillit de la coquille de Turbo. Il doit sauver son frère !

Le corbeau vole à travers les arbres. Tout en bas, Turbo le suit en gardant ses yeux levés vers le ciel. Il file dans les rues et dépasse les voitures !

Chet ne voit pas son frère. La seule chose qu'il aperçoit, c'est le jardin qui disparaît au loin. Puis deux autres corbeaux qui arrivent de chaque côté… Chet ferme les yeux.

— C'est un cauchemar, je vais me réveiller.

Les oiseaux atterrissent sur un vieux camion qui vend des tacos.

— Calmez-vous, mes amis, bredouille Chet. C'est une très mauvaise idée.

Les trois corbeaux bondissent en même temps. Chet rentre dans sa coquille sans voir la lumière bleue qui file vers le toit. Turbo est arrivé !

L'un des corbeaux attrape Turbo dans son bec. L'escargot fait rugir son moteur. Il traîne l'oiseau tout autour du camion et l'oblige à s'aplatir contre le pare-brise. Le corbeau s'enfuit, suivi par les deux autres.

Chet sort de sa coquille, ahuri.

— Qu'est-ce que tu fais ici ?! s'écrie-t-il.

— Je suis venu te sauver, le calme Turbo. Tout va bien se passer.

Soudain, un bocal leur tombe dessus. Les voilà prisonniers ! Les deux escargots lèvent les yeux et voient un Mexicain leur sourire.

— Coucou, mes petits *amigos* ! lance-t-il. C'est mon jour de chance...

Il rentre le bocal dans son camion et démarre. En chemin, il appelle ses amis au téléphone :

— *Hola* ! C'est Tito. Dis à tout le monde que je les amène !

Turbo et Chet se regardent, effrayés. Qui est cet homme ? Et où vont-ils ?

Le camion de tacos arrive dans un centre commercial. On peut lire « Starlight Plaza » sur le panneau usé en forme d'étoile filante. Seuls quelques magasins sont ouverts : un salon de manucure, un magasin de bricolage, un garage et un restaurant nommé *Dos Bros Tacos*.

Lorsque Tito sort du camion, trois personnes se rapprochent de lui. Kim Ly, la patronne du salon de manucure, regarde avec attention les deux escargots.

— Will Flash ne va en faire qu'une bouchée ! ricane-t-elle.

Bobby, le responsable du magasin de bricolage, est du même avis :

— Ça va être un massacre.

— C'est comme s'ils étaient

déjà morts, confirme Paz, le jeune mécanicien du garage.

Turbo aperçoit un tableau avec des noms marqués à la craie : D-Rapp, Braise, Ombre Blanche, Will Flash et Cool Raoul. Qu'est-ce que ça veut dire ?

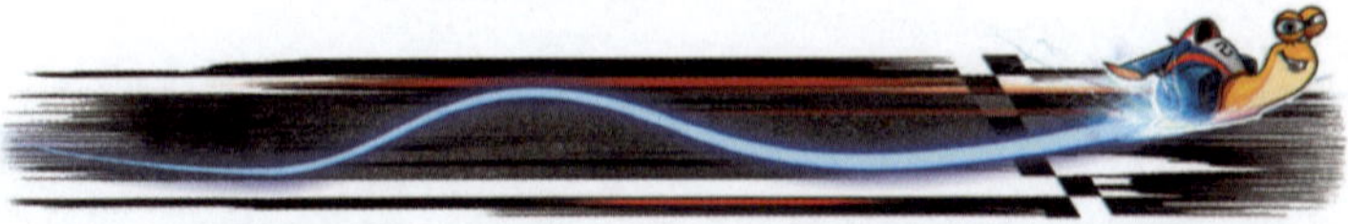

Paz appuie sur un bouton, et une piste de course s'élève du sol.

Tito relâche les deux frères sur la ligne de départ. Bobby pose un escargot à côté d'eux. Turbo n'en a jamais vu de pareil : son corps est violet sombre, et un petit moteur est attaché à sa coquille !

Kim Ly rajoute un escargot bleu. Il est petit et mince, avec une coquille qui ressemble à une voiture de rallye.

Trois autres escargots tombent à côté d'eux. Le premier est rose, avec des dés autour de son cou. Le deuxième est grand et blanc, l'escargot le plus gras que Turbo

ait jamais vu. Le dernier est rouge vif, avec des flammes jaunes peintes sur sa carapace et un pot d'échappement en chrome.

— À vos marques... annonce Tito.

Les escargots commencent à imiter des bruits de moteur.

— Prêts...

Turbo comprend enfin. Chet et lui vont devoir faire une course !

— Partez !

Les escargots se lancent le long du circuit. Turbo lève les yeux au ciel. Ces escargots ont peut-être des coquilles modifiées, mais ils sont aussi lents que les autres. Quel intérêt de faire la course avec eux ?

Kim Ly montre Turbo du doigt.

— Ha ! Ha ! Il ne bouge pas ! Le Mexicain a trouvé un escargot mort !

Les autres rient avec elle. Turbo s'énerve. Il va leur montrer !

L'énergie bleue se met à bouillir en lui, et *boum !* Il part comme une fusée à travers la piste, en renversant les concurrents comme des quilles ! Il dépasse la ligne d'arrivée, et les rires s'arrêtent.

— *Santa Maria*… murmure Tito.

Les escargots s'approchent de Turbo, impressionnés.

— Comment tu t'appelles ? demande l'escargot bleu.

Turbo hésite. Dans le jardin, tout le monde l'appelait Theo... Mais il a toujours su son vrai nom.

— Turbo ! répond-il avec fierté.

Chet serre son frère contre lui.

— Ça va aller. Tiens le coup. On te soignera à la maison.

— Hein ? proteste Turbo en se dégageant. Je n'ai pas besoin d'être soigné. Tout va bien, Chet !

— Tout va bien ? répète Chet. Tu… Tu es un monstre !

— Je sais, glousse Turbo. C'est génial, pas vrai ?

Chet n'a pas le temps de répondre. Tito soulève Turbo et le pose sur sa paume :

— Je ne sais pas de quel laboratoire tu t'es échappé, mais tu es incroyable, petit *amigo* !

— Tito !

La voix qui retentit est celle d'Angelo, le grand frère de Tito. Il se tient à l'entrée du garage.

— Tu devrais vendre des tacos, pas regarder des escargots, lui reproche-t-il.

— Je sais, mais celui-ci est spécial, répond Tito. Je vois déjà la publicité... «Venez pour la course d'escargots, restez pour les tacos.»

— Arrête de rêver, grogne Angelo. J'en ai assez de tes plans stupides. Prends plutôt le camion et vends quelques tacos !

Déprimé, Tito dit au revoir à ses amis et amène Turbo dans le restaurant.

— Regarde, dit-il après lui avoir servi un festin de roi, je t'ai fait un lit.

Il a empilé plusieurs serviettes et ajouté un sachet de ketchup comme oreiller. Tito embrasse Turbo sur la coquille.

— Dors bien, petit *amigo*. On se voit demain matin.

Chet rampe jusqu'au lit.

— Je rêve, ou il t'a fait un bisou de bonne nuit ?

Cinq formes sombres surgissent soudain près d'eux. Ce sont les escargots de course !

— Je m'appelle Will Flash, dit l'escargot violet. Et voici mon équipe.

L'escargot bleu dérape le long d'une canette de soda et se présente lui aussi. Il s'appelle D-Rapp, et l'escargot rouge se nomme Braise.

L'escargot rose s'avance à son tour.

— Moi, c'est Cool Raoul, déclare-t-il. Je bouge si vite que le monde entier est au ralenti, délire !

Le gros escargot blanc sort de l'ombre. Il porte des lunettes de soleil qui lui donnent l'air d'un motard.

— On m'appelle l'Ombre Blanche parce que je suis rapide comme une ombre !

— Une ombre n'est pas rapide, réplique Turbo.

Will Flash l'interrompt :

— Écoute, je suis venu te proposer de rejoindre notre équipe.

— Votre équipe ? répond Turbo en essayant de ne pas rire. Je suis désolé, mais vous, euh... enfin, vous êtes plutôt lents !

Soudain, les escargots ont l'air en colère.

— Je vais faire semblant de ne pas t'avoir entendu, gronde Will Flash.

Turbo escalade le stand de tacos et monte sur le câble. Il a du mal à garder son équilibre, mais son élan l'aide à avancer. *Vroum !* Il dépasse D-Rapp… et Braise… et Cool Raoul… et enfin Will Flash !

— À plus tard ! lance Turbo.

Mais son sourire triomphant disparaît aussitôt : le câble se termine sur un poteau ! Il freine de toutes ses forces.

Les autres escargots, eux, accélèrent et se lancent dans les airs ! Will Flash atterrit en premier sur l'étoile, suivi de tous les autres.

Il regarde Turbo et sourit avec arrogance.

— Alors, qui est-ce qui est lent ?

Un bus s'arrête devant le centre commercial, couvert d'un large panneau de Guy La Gagne et son sponsor. Dessous, on peut lire : « Partenaire officiel de l'Indianapolis 500 ».

L'Indianapolis 500 ! Bien sûr ! S'ils participent à la course, le restaurant sera célèbre ! Turbo traverse la route et escalade le véhicule. Il tourne si vite autour des mots « Indianapolis 500 » qu'une lueur bleue les entoure.

Une fois qu'il a compris le message, Tito essaie de convaincre son frère d'inscrire Turbo à la course.

— Allez, Angelo, il suffit de payer les droits d'entrée ! Si jamais on vend le camion…

— Vendre le camion ?! proteste Angelo. Tu veux gaspiller nos économies sur un escargot ?

C'est alors que Paz, Bobby et Kim Ly s'approchent et posent une enveloppe remplie d'argent sur le comptoir.

— Ça a intérêt à marcher, Tito, dit Paz.

Tito et Turbo commencent à sourire, et les autres escargots dansent autour de Chet.

— On va à l'Indianapolis 500 ! s'exclament-ils en chœur.

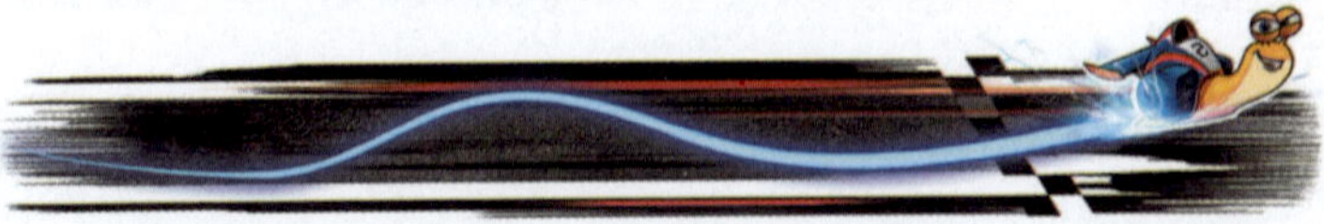

Le lendemain, le camion file vers Indianapolis. Les escargots sont à l'arrière. Ils regardent Bobby, Kim Ly et Paz chercher un surnom pour Turbo. Ils ne savent pas que l'escargot en a déjà un, et les propositions fusent.

— Tornade ?

— Fusée ?

— Explosion ?

Les escargots décident de les aider un peu. Ils écrivent une à une les lettres du mot « Turbo » avec leurs corps.

— Je sais ! Turbo ! s'exclame Tito.

Le lendemain, Kim Ly peint la coquille de Turbo en bleu, avec des tourbillons rouges et blancs. Puis elle ajoute le chiffre 5 en noir sur blanc.

Après des kilomètres, ils voient enfin un panneau sur l'autoroute qui indique : BIENVENUE À LA COURSE INDIANAPOLIS 500.

Tito se gare, et les escargots s'installent sur un plateau pour que Bobby puisse les transporter. L'endroit est très animé.

Je n'arrive pas à croire que je me trouve ici ! pense Turbo.

Tito se rend au guichet d'inscription. Il pose ses billets devant un responsable surmené.

— J'aimerais que mon pilote participe à la course, dit-il.

— De quelle écurie fait-il partie ? demande le responsable d'un ton blasé.

— Dos Bros Tacos & Compagnie, répond fièrement Tito.

Quelques secondes plus tard, il sort de la salle… escorté par deux agents de sécurité. Le responsable a cru à une plaisanterie. Il n'a pas voulu inscrire Turbo ! C'est alors que Guy La Gagne arrête sa voiture de sport juste devant eux. Une horde de fans et de reporters s'agglutine autour de lui. Aussitôt, Turbo a une idée.

Il fait rugir son moteur dans la poche de Tito.

— Hé ! Qu'est-ce que tu fais ? demande le Mexicain.

Turbo accélère de nouveau et pousse son ami en avant. Tito est projeté à travers les journalistes par-dessus le mur de la piste. Il atterrit aux pieds de Guy, et tout à coup, il comprend ce qu'il doit faire.

— Mesdames et messieurs, je vous présente le prochain champion de l'Indianapolis 500 ! s'exclame-t-il en levant Turbo au-dessus de sa tête.

— C'est un escargot ? se moque Guy.

La foule commence à rire. Mais Tito pose Turbo sur la ligne de départ.

— Partez ! hurle-t-il.

Zoom ! Turbo file sur la piste aussi vite que sa coquille le lui permet… un tour… deux tours… trois… quatre !

Turbo freine et s’arrête devant Tito. Tous les spectateurs restent bouche bée.

Un garçon dans la foule a tout filmé avec son téléphone. Il met aussitôt la vidéo sur Internet.

— Quand les gens vont voir ça…

6

GUY LA GAGNE

La vidéo de Turbo se répand dans le monde entier. Le président de l'Indianapolis 500 est même obligé d'organiser une conférence de presse.

Les journalistes s'installent. À l'extérieur, les fans suivent sur un écran géant. Tout le monde attend avec impatience ce que le président va dire…

— Après avoir longtemps réfléchi, annonce-t-il enfin, j'ai décidé que je ne pouvais pas autoriser un escargot à…

Tito l'interrompt :

— Je vous en prie, donnez une chance à mon escargot. Je vous promets que vous ne le regretterez pas !

— Je comprends votre enthousiasme, mais ma décision est…, reprend le président.

Kim Ly, Bobby et Paz se lèvent à leur tour et se mettent à chanter en chœur :

— Laissez-le courir ! Laissez-le courir !

À la surprise générale, Guy prend Tito par les épaules et se tourne vers les caméras.

— Comme dirait mon père, aucun rêve n'est trop grand, et aucun rêveur trop petit. Laissez-le courir !

Turbo regarde son héros avec admiration. Guy le soutient !

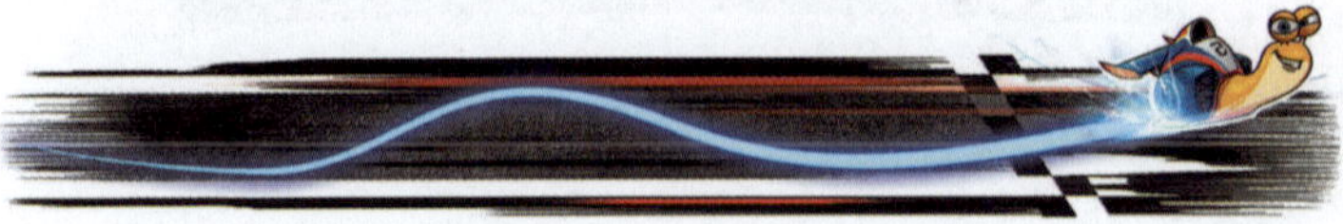

C'en est trop pour le président.

— D'accord ! hurle-t-il. Votre escargot peut participer !

La foule explose de joie. Tito saute dans tous les sens en agitant Turbo dans les airs. Bobby, Kim Ly et Paz se prennent dans les bras,

et les escargots de course font des cabrioles. Seul Chet semble déprimé.

— Le monde est devenu fou, soupire-t-il.

Le soir, Chet rejoint son petit frère.

— Tu sais que tu nages en plein délire ? demande-t-il. C'est comme pour Belle Rouge. Sauf que, cette fois, je ne pourrai pas te sauver.

— Tu n'en auras pas besoin, rétorque Turbo. Maintenant, je suis rapide.

— Je t'en prie, Theo, abandonne, supplie Chet.

— Je m'appelle Turbo ! s'énerve l'escargot. Toute ma vie, j'ai attendu ce moment. Tout le monde me soutient, sauf toi. Pourquoi est-ce que tu ne me fais pas confiance ?

Turbo sort du camion, en colère, quand un éclat de lumière venu d'un garage attire son attention. Il se glisse à travers une fissure dans le mur et se retrouve juste devant la voiture de Guy La Gagne.

En levant les yeux, il aperçoit une étagère avec les cinq trophées de Guy pour l'Indianapolis 500. Il monte sur le mur et escalade l'un d'eux.

— Si tu veux gagner une coupe, tu vas devoir attendre longtemps… dit une voix.

Turbo se retourne : Guy La Gagne est juste derrière lui !

— Alors, continue Guy, tu es mon adversaire, c'est ça ? Le faible contre le champion... Le monde adore les faibles, tu sais. Les rêveurs en ont besoin. Ils ont besoin de croire qu'un jour, eux aussi pourront réussir l'impossible. Mais la vérité, c'est que les faibles ne gagnent pas. Et les rêveurs doivent se réveiller un jour ou l'autre.

Turbo regarde son idole, choqué. Qu'est-ce qu'il raconte ? Ce n'est plus le champion qu'il a admiré toute sa vie.

Guy soulève Turbo et le pose à l'extérieur du garage.

— Rentre chez toi pendant que tu le peux encore, conclut-il en claquant la porte.

Turbo est anéanti. Tout ce qu'il a toujours voulu être, tout ce qu'il est devenu, c'est grâce à Guy. Mais ce n'était que des mensonges.

7 C'EST PARTI !

L'heure du départ approche. Des mécaniciens installent les voitures sur la piste. Plus de 350 000 spectateurs remplissent les gradins sous les feux d'artifice.

Chet se tient plus loin, sur une table de pique-nique. Il ne veut pas assister à la course.

— Fais attention, Theo, murmure-t-il.

Soudain, une main le soulève de la table ! C'est un garçon de huit ans nommé Danny.

— Hé, petit escargot, tu es perdu ? demande Danny.

— Non, répond Chet, horrifié.

Bien entendu, l'enfant ne peut pas l'entendre. Il amène Chet jusqu'à la tribune la plus chère et l'installe sur le bras d'un fauteuil, devant une fenêtre.

— Voilà, petit escargot. Maintenant, tu as la meilleure place de tout le circuit ! se réjouit Danny.

Chet veut s'enfuir, mais le garçon pose un verre à l'envers sur lui.

Il va devoir regarder la course, qu'il le veuille ou non !

En bas, Tito place Turbo sur la ligne de départ. L'escargot regarde nerveusement les voitures. Il ne s'est jamais senti aussi petit.

Le président s'approche d'un micro.

— Bonjour à tous et bienvenue à l'Indianapolis 500. Sans plus attendre… faites chauffer les moteurs !

Les voitures prennent vie et des flammes brûlantes sortent de leur pot d'échappement. Le sol gronde sous les vibrations.

— On se revoit sur le podium ! hurle Will Flash aussi fort qu'il le peut.

Le drapeau tombe. Les coureurs partent à toute vitesse ! Des pneus de la taille d'un rouleau compresseur passent de chaque côté de Turbo. Le souffle des voitures le projette dans les airs, et il manque de peu de sortir du circuit.

Dépassé par le bruit et la fumée des voitures, l'escargot n'arrive pas à avancer. Pour la première fois, il se sent trop petit. Il arrive bon dernier au niveau des stands !

Les escargots de course s'occupent aussitôt de lui. Ils passent du baume à lèvres sur le corps de Turbo, lui donnent à boire et lui massent le pied.

— C'est trop dur ! Je n'arrive pas à conduire sur... commence Turbo.

— Tu es une voiture ? l'interrompt Will Flash.

— Non, répond Turbo.

— Alors, conduis comme un escargot, pas comme une voiture, conclut Will Flash.

Turbo réalise que son ami a raison... Bien sûr !

— Allez, file d'ici, ordonne Will Flash. Bon escargotage !

Turbo rejoint la course à toute vitesse. Il comprend ce que Will Flash lui a dit : en tant qu'escargot, il a ses propres avantages...

Il se précipite sur le circuit

et dépasse deux voitures. Le véhicule suivant se place devant lui pour le bloquer… mais il reste de la place dessous !

— Escargotage ! hurle Turbo.

Il file sous la voiture en baissant la tête. Un seul faux mouvement, et il sera écrasé. Il voit enfin la lumière au bout. Il a réussi !

— Incroyable ! Turbo vient de passer sous une voiture ! hurle le commentateur.

L'escargot se sent plus confiant. Il arrive à profiter de sa taille pour éviter les obstacles. Il passe sous trois autres voitures, puis se concentre sur le véhicule devant lui.

Le conducteur aperçoit Turbo dans son rétroviseur. Il fait bouger

sa voiture de gauche à droite pour empêcher l'escargot de lui passer dessous sans risquer sa coquille. Dans le virage, il se colle complètement au mur... mais ne voit plus Turbo !

— Où est-il ? Où est-il ? s'affole-t-il.

Du coin de l'œil, il aperçoit la fameuse petite lumière bleue. Turbo est en train de courir sur le mur !

L'escargot dépasse la voiture, puis revient sur la piste. La foule est en délire.

Toujours coincé sous son verre dans la tribune, Chet encourage enfin son frère :

— Allez ! Allez ! Tourne à gauche ! À gauche !

Turbo est désormais en troisième position. La voiture devant lui prend un virage. *Boum !* La conductrice a mal jugé la distance et heurte le mur. L'une de ses roues se détache pour filer… droit sur Turbo !

L'escargot n'a pas le temps de réfléchir. Il bondit dans les airs et passe au milieu de la roue !

— Turbo se trouve à la deuxième place ! annonce le commentateur. Il est juste derrière La Gagne !

La foule se lève et scande le nom de Turbo.

Guy La Gagne s'énerve. Ce n'est pas un escargot qui va lui voler la vedette !

Turbo essaie de le dépasser par la gauche, mais Guy se rabat en même temps. Turbo change de direction et tente de le doubler par la droite...

— Il va falloir faire attention pour ce quatrième tour, lance le commentateur. Le bord de la piste est maintenant couvert de boules de caoutchouc tombées des pneus. La gomme risque de faire glisser les pilotes !

Cette remarque donne une idée à Guy.

— C'est parti, murmure-t-il.

Il se colle à droite de la piste pour pousser Turbo vers le bord extérieur. L'escargot esquive de justesse un gros bout de gomme devant lui !

Le bord de la piste ressemble maintenant à un océan de caoutchouc. Turbo se faufile en tentant de retourner vers le centre, mais la voiture de Guy l'en empêche toujours. Turbo esquive frénétiquement les obstacles de gomme.

Soudain, l'un d'eux heurte sa carapace ! Turbo se cogne contre le mur et entend un craquement.

Affolé, l'escargot se dirige vers les stands. Il se sent vraiment mal.

8 — ACCIDENT !

Turbo étire ses yeux pour voir sa coquille et manque de s'évanouir. Du liquide bleu coule d'une large fissure dans sa carapace !

— Qu'est-ce qu'on va faire ? demande Bobby. S'il subit un autre choc…

— Il doit abandonner, décide Paz.

Tito se tourne vers Turbo, le cœur brisé.

— Je suis désolé, petit *amigo.* C'est la fin.

L'escargot aperçoit la voiture de Guy qui sort des stands. Dans son esprit fatigué, la voiture devient Belle Rouge, la tomate de sa maison.

Sous sa coquille, quelque chose se débloque. Son moteur se réveille et sa vision redevient normale.

— Ce n'est pas encore fini ! s'exclame-t-il.

Avant que Tito ait pu l'arrêter, Turbo jaillit des stands et retourne sur la piste.

— C'est bientôt la fin, annonce le commentateur. Guy La Gagne n'a plus que cinq tours à faire pour remporter le prix.

Zoom ! Une comète bleue file devant leurs yeux.

— Attendez une seconde ! Turbo est toujours dans la course !

Les voitures roulent à toute allure. Turbo arrive juste à temps pour reprendre sa place derrière Guy. Le pilote est furieux !

L'escargot s'élance… Mais la lumière bleue disparaît ! Il s'arrête si brutalement qu'il vole dans les airs !

— Theo ! crie Chet du haut de sa tribune.

Turbo donne des coups dans sa coquille endommagée avec son pied, en priant pour que sa

lumière et sa super-vitesse reviennent. Une voiture fonce vers lui, prête à l'écraser, lorsque sa coquille se rallume.

Il bondit en avant et reprend la course en suppliant sa coquille :

— Allez, tiens le coup encore un tout petit peu…

Il rattrape de nouveau Guy et se faufile entre sa voiture et le mur.

— Non ! hurle le champion.

Le pilote rapproche sa voiture et pousse Turbo contre le mur. Sa coquille frotte contre le béton. Il va se faire aplatir !

Turbo saute sur la voiture. Comme les escargots de course

le lui ont appris, il rebondit dans les airs et vole par-dessus le pare-brise de Guy. Il atterrit sur la piste, devant le conducteur stupéfait.

— Incroyable ! Turbo est en tête ! s'exclame le commentateur.

Guy et Turbo entament leur dernier tour. Déterminé à doubler Turbo, le champion pousse son bolide au maximum et s'approche du mur... droit dans les boules de caoutchouc !

— La Gagne est dans la gomme ! lance le commentateur.

Guy se bat pour garder le contrôle de son véhicule.

— Je ne vais pas perdre face à un escargot ! gronde-t-il.

Et il finit par doubler Turbo...

mais sa roue arrière se bloque dans un morceau de caoutchouc ! Il dérape et percute les autres voitures.

Boum ! Les véhicules s'écrasent les uns contre les autres. Turbo tente de se frayer un passage au milieu de l'accident…

… Puis tout devient noir.

Quand Turbo rouvre les yeux, il se trouve juste devant une montagne de métal fumant. Des conducteurs se disputent en essayant de sortir de leurs véhicules entremêlés. De l'huile coule sur la piste.

Il aperçoit la ligne d'arrivée à moins d'un mètre de lui.

— Finissons-en, déclare Turbo en allumant son moteur.

Mais rien ne se passe.

Surpris, l'escargot essaie de nouveau. Il n'y a pas de lumière bleue, pas de bruit de moteur. Turbo voit qu'un morceau de sa coquille a disparu dans l'accident ! Il a perdu ses pouvoirs !

— Oh, non ! murmure Will Flash.

Turbo regarde la ligne d'arrivée. Elle n'est peut-être qu'à un mètre, mais c'est énorme pour un escargot. Il n'y arrivera jamais... Le cœur brisé, il rentre dans sa coquille.

Chet n'a encore jamais vu son frère baisser les bras. Il n'a pas le droit de laisser tomber maintenant !

— Qu'est-ce que tu fais ? N'abandonne pas ! le supplie Chet.

Il tente de courir vers Turbo, mais il se heurte au verre qui le bloque. C'est si frustrant ! Il faut qu'il fasse quelque chose ! Chet pousse le verre de toutes ses forces et s'approche de plus en plus du bord de la table. Et soudain…

Boum ! Le verre tombe au sol, mais heureusement, l'escargot n'a rien. Il rampe vers la fenêtre et regarde la piste en bas. Il doit aider son frère ! Il attrape avec sa bouche la corde d'un ballon qui passe, et s'envole au-dessus de la foule.

Chet agite son corps dans tous les sens pour diriger le ballon vers la piste. Il tombe juste aux pieds de Tito ! Enfin, il grimpe sur la barrière.

— Turbo ! hurle Chet. Termine la course !

Turbo le regarde, stupéfait. C'est la première fois que son frère utilise ce nom !

— Je ne peux pas, répond-il. Ma coquille est brisée.

— Bien sûr que tu peux ! insiste Chet. Mon petit frère n'abandonne jamais. Alors, sors de là et termine cette course… Turbo !

Le cœur de Turbo s'emplit de confiance. Chet croit en lui !

Déterminé, il se met à ramper sur la piste. Derrière lui, Guy est sorti de sa voiture. Son moteur est cassé, mais il pousse son véhicule en avant.

— La course continue ! s'enflamme le commentateur.

Turbo avance de toutes ses forces. Il parvient à garder un écart de quelques centimètres entre lui et Guy. La victoire est si proche…

Guy s'en rend compte, lui aussi. Furieux, il tape du pied pour écraser Turbo.

— Tête dans la coquille ! crie Chet.

Cette fois, Turbo obéit. Il rentre son corps dans sa coquille, et sous son poids, elle se met à rouler… de l'autre côté de la ligne d'arrivée !

— Et Turbo gagne la course ! s'exclame le commentateur.

9

UN FUTUR À TOUTE ALLURE

Turbo est tellement heureux ! Même s'il ne courra plus jamais, il se souviendra toujours de ce moment où il a gagné la plus grande course du monde.

Les escargots sont de retour au centre commercial, mais tout a changé depuis la dernière fois.

Les gens font la queue pour manger au restaurant de tacos. Le magasin de Bobby est envahi par des enfants et leurs escargots domestiques. Bobby leur fabrique des coquilles et Kim Ly les décore. Quant au garage de Paz, il est rempli de clients.

Dans le parking, le nouveau camion de Tito vient se garer. Des flammes rouges sont peintes sur les côtés et des phares énormes dépassent du capot !

Paz sort du coffre un incroyable circuit de course pour escargots : il y a des virages, des drapeaux, des lumières et même un anneau enflammé !

— Tous les pilotes sur la ligne de départ ! lance Paz.

Les escargots regardent Turbo avec inquiétude. Il porte toujours un pansement sur sa coquille brisée.

— Tu es sûr que tu veux courir sans tes super-pouvoirs ? demande Braise.

— Ne t'inquiète pas, je ferai attention, répond Turbo.

Tito le prend dans sa main.

— Tu ne croyais quand même pas que j'allais te laisser courir comme ça ! dit-il.

Il ouvre son autre main pour montrer une superbe coquille de course toute neuve. Il enlève le pansement de Turbo et… fait une drôle de tête.

L'escargot tourne un œil pour voir sa coquille. Il n'y a plus de trou !

— Tu es guéri ! s'exclame Tito.

Il pose Turbo sur la ligne de départ. Soudain, une sirène se déclenche ! Tout le monde se tourne… C'est Chet qui arrive, avec une nouvelle coquille en forme d'ambulance, en imitant le bruit d'une sirène.

— Bon, écoutez-moi bien ! annonce-t-il. Je compte sur vous pour respecter la sécurité, d'accord ? Je ne veux pas le moindre accident !

Puis il lance un clin d'œil à Turbo :

— Cela dit… écrase-les tous, frérot !

Will Flash regarde Turbo.

— Belle coquille, admet-il. Mais est-ce qu'elle peut faire… ça ?

Il donne un signal à Braise. La coquille de l'escargot rouge gronde, et de vraies flammes s'échappent de son pot d'échappement ! À côté de lui, quatre énormes roues sortent de la coquille de l'Ombre Blanche. Will Flash, lui, possède maintenant un vrai moteur. Des haut-parleurs sont fixés à la coquille de Cool Raoul… et D-Rapp a un ventilateur géant !

Turbo les regarde, stupéfait. Bobby, Kim Ly et Paz les ont complètement transformés !

— À vos marques… Prêts… Partez ! crie Paz.

Turbo ressent soudain une impression familière... Sa coquille brille d'un bleu de plus en plus vif. Il sourit jusqu'aux oreilles en faisant rugir son moteur.

Zoom ! Turbo file sur la piste… vers un futur à toute allure !

FIN

TABLE

hachette s'engage pour l'environnement en réduisant l'empreinte carbone de ses livres. Celle de cet exemplaire est de :
450 g éq. CO_2
Rendez-vous sur
www.hachette-durable.fr

PAPIER À BASE DE FIBRES CERTIFIÉES

Photogravure Nord Compo - Villeneuve d'Ascq

Imprimé en Roumanie par G. Canale & C. S.A.
Dépôt légal : octobre 2013
Achevé d'imprimer : octobre 2013
20.4186.1/01 – ISBN 978-2-01-204186-8
Loi n° 49956 du 16 juillet 1949
sur les publications destinées à la jeunesse